Mohammed Layelmam

Calcul des indicateurs de sécheresse à partir des images NOAA/AVHRR

Mohammed Layelmam

Calcul des indicateurs de sécheresse à partir des images NOAA/AVHRR

Cas du Maroc

Presses Académiques Francophones

Impressum / Mentions légales
Bibliografische Information der Deutschen Nationalbibliothek: Die Deutsche Nationalbibliothek verzeichnet diese Publikation in der Deutschen Nationalbibliografie; detaillierte bibliografische Daten sind im Internet über http://dnb.d-nb.de abrufbar.

Information bibliographique publiée par la Deutsche Nationalbibliothek: La Deutsche Nationalbibliothek inscrit cette publication à la Deutsche Nationalbibliografie; des données bibliographiques détaillées sont disponibles sur internet à l'adresse http://dnb.d-nb.de.

Coverbild / Photo de couverture: www.ingimage.com

Verlag / Editeur:
Presses Académiques Francophones
ist ein Imprint der / est une marque déposée de
OmniScriptum GmbH & Co. KG
Heinrich-Böcking-Str. 6-8, 66121 Saarbrücken, Deutschland / Allemagne
Email: info@presses-academiques.com

Herstellung: siehe letzte Seite /
Impression: voir la dernière page
ISBN: 978-3-8416-3604-1

Calcul des indicateurs de sécheresse à partir des images NOAA/AVHRR

Mohammed Layelmam

Septembre 2008

Projet de Mise en place d'un Système d'Alerte précoce à la Sécheresse dans trois pays de la rive Sud de la Méditerranée : Algérie, Maroc, et Tunisie LIFE05 TCY/TN/000150

Table des matières

I. Introduction

La sécheresse est un phénomène universel qui touche plusieurs pays dont le Maroc en fait partie. Elle a des effets néfastes sur l'ensemble des secteurs, à savoir l'environnement, le social et l'économie. Sa gestion nécessite à mettre à la disposition des organes concernés les informations nécessaires de son suivi afin de prendre les mesures d'atténuation et les programmes de réponses qui permettent de minimiser ses impacts.

Depuis quelques années, plusieurs études ont porté sur les changements planétaires, dont plusieurs se sont attardées aux sécheresses. Selon l'Organisation météorologique mondiale (OMM), de 1967 à 1991, 1,4 milliards de personnes ont été affectées par les sécheresses et 1,3 milliards en sont mortes de causes directes ou indirectes. Selon certains scénarios des changements planétaires, l'occurrence et l'impact des sécheresses risquent d'augmenter dans les années à venir. L'augmentation de la population humaine qui entraîne une pression accrue sur l'environnement y contribue grandement. Dans plusieurs régions du globe, une pratique agricole non-adaptée aux conditions environnementales et climatologiques, combinée à la surexploitation des réserves hydriques accélère le processus des sécheresses et entraînent parfois une situation irréversible, la désertification (ONU, 1997 ; UNCCD, 2004) [1].

Parmi les actions prises pour le suivi de la sécheresse, le Maroc s'est inscrit dans un projet régional, pour la mise en place d'un Système Maghrébin d'Alerte précoce de la Sécheresse (SMAS) dans trois pays de la rive sud de la Méditerranée dont la coordination est assurée par l'Observatoire du Sahara et du Sahel (OSS). Financé par l'Union Européenne, ce projet (SMAS) vise à mettre en place un dispositif de prévention de la dégradation environnementale causée par la sécheresse et à éclairer les stratégies environnementales et de développement durable dans trois pays maghrébins : l'Algérie, le Maroc et la Tunisie. Ainsi, le projet a pour objectif l'élaboration d'un système d'alerte précoce permettant de déclencher un programme d'urgence pour atténuer les effets de la sécheresse à court terme.

Il est à noter que la sécheresse est un phénomène naturel complexe et ne dispose pas d'une définition précise. Ainsi, elle se manifeste uniquement par certains indices et paramètres dont plusieurs chercheurs ont essayé de les identifier. En effet, ces indices permettent d'identifier les différents types de sécheresse (météorologique, agricole et hydrologique), son intensité, sa durée, son étendu spatial et sa probabilité de récurrence. La plupart de ces indices sont fondés sur deux concepts à savoir : l'année normale, et le seuil qui indique la sécheresse.

Pour permettre de cerner cette problématique, le présent travail essaye d'intégrer le potentiel de l'imagerie satellitaire (NOAA-AVHRR) dans le suivi des conditions de sécheresse au Maroc et de produire un ensemble d'indices déjà préétablis SVI, VCI, TCI et VHI.

En effet, certaines études, comme celles de Kogan (1993 et 1997), ont déjà démontré la possibilité d'utiliser la télédétection dans le suivi de la sécheresse à travers le calcul de certains indicateurs liés à la température de brillance et l'indice de végétation standardisée (NDVI).

Etant donnée que le centre royal de télédétection spatial fait partie de l'équipe du projet SMAS, il m'a été demandé, dans le cadre d'un contrat de stage, de préparer et vérifier les données de base et de produire les indicateurs de sécheresse y afférents durant la période 1999-2008. Pour cela, le présent rapport s'articule autour de trois axes :

- **Première partie :** recherche bibliographique comprenant la délimitation de la problématique de sécheresse, les études y afférentes, les techniques et les indices de suivi de ce phénomène.

- **Deuxième partie :** Choix des indices de sécheresse, et développement d'un programme de calcul (Modeler sur ERDAS 9.1).

- **Troisième partie :** Préparation des données de base (NOAA-AVHRR) et l'exécution des programmes pour la génération des indicateurs.

II. La sécheresse : définitions et suivi

2.1. Définitions

La sécheresse est une caractéristique normale et fréquente du climat. Elle touche l'ensemble des zones climatiques. Mais ses caractéristiques varient significativement d'une région à l'autre. La sécheresse ne doit pas être confondue avec l'aridité. La sécheresse se manifeste dans le temps tandis que l'aridité est un phénomène spatial (elle est limitée dans les régions à faible précipitation).

La sécheresse n'a pas une définition universelle, il y a autant de définitions de la sécheresse qu'il y a d'utilisation de l'eau. Mais, on peut dire que la sécheresse est un déficit des disponibilités en eau par rapport à une situation considérée comme normale pour une période donnée et une région déterminée.

Il existe plusieurs types de sécheresse, la sécheresse météorologique, **hydrologique, agricole et socio-économique.**

> **Les sécheresses dites météorologiques :** sont basées sur le degré d'aridité d'une période sèche par rapport à la normale (médiane ou moyenne) et sur la durée de cette période sèche. Ces définitions doivent être considérées spécifiques à une région puisque les conditions météorologiques normales changent grandement d'une région à l'autre.

> **Les sécheresses hydrauliques :** Tate et Gustard (**[1]**) décrivent de plus deux autres types de définition des sécheresses basées sur les eaux souterraines et la gestion des opérations. Les sécheresses en eaux souterraines existent lorsque la recharge des aquifères est inférieure à la recharge annuelle moyenne sur une période de plus d'un an. Puisque peu de données concernant les aquifères sont disponibles, ce type de définition est peu utilisé.

> **Les sécheresses agricoles :** quant à elles, font un rapport entre les caractéristiques des sécheresses météorologiques ou hydrologiques et les impacts sur le milieu agricole. Elles portent sur l'insuffisance des précipitations, la différence entre l'évapotranspiration réelle et potentielle, et le manque en eau des sols et des

réserves hydriques (**[1]**). Ces sécheresses dépendent grandement des conditions climatiques, des caractéristiques biologiques et phénologiques des cultures ainsi que des propriétés physiques et biologiques des sols.

> **les sécheresses socio-économiques :** définissent le lien entre l'offre et la demande d'un bien économique et certains éléments des sécheresses météorologiques, hydrologiques ou agricoles. L'occurrence d'un tel type de sécheresse dépend de la variation temporelle et spatiale de l'offre et de la demande de ce bien économique. Ce bien dépend toujours des conditions climatiques et peut tout aussi bien être l'eau, une récolte ou de l'électricité. Il y a sécheresse socio-économique lorsque la demande pour un bien excède l'offre à cause d'un manque hydrique relié au climat.

2.2. Indicateurs de sécheresse

La difficulté de définir la sécheresse pousse les chercheurs à définir des indicateurs de ce phénomène. Ces indicateurs permettent de déterminer d'une façon scientifique le seuil indiquant la sécheresse à différentes échelles de temps et de définir des classes d'appartenance à cet événement en fonction de sa sévérité et de sa position. Ils assurent également le suivi de la sécheresse et la détection à différents stades de son évolution. Ces indices constituent également un excellent moyen de communication avec le public et un outil de décision pour le gouvernement.

Le tableau suivant montre divers types de ces indices :

Types des indices de sécheresse	indices météorologiques	Indices hydrauliques	indices agricoles	indices socio-économiques
Indices	- **SPI** (Standardized Precipitation Index). - **PDSI** (Palmer Drought Severity Index). - **CMI** (Crop Moisture Index). - **SWSI** (Surface Water Supply Index). - Deciles.	- Groundwater levels. - Low flow characteristics.	- Moisture reserve. - Expected yields of plants.	- Shortages in water supplies.

Tableau 1 : Différents types d'indicateurs de sécheresse (**[16]**)

Ci-dessous sont présentés quelques indicateurs météorologiques (basés sur les données de précipitation) et indicateurs établis par télédétection (basés sur l'indice de végétation et la température de brillance).

2.2.1. Indices météorologiques

Ces indices utilisent généralement les mesures de précipitation recueillies aux stations météorologiques pour décrire les conditions de sécheresse. Ils ont pour but de comparer les valeurs actuelles à la tendance historique. Ils sont simples, faciles et rapides à utiliser.

- **Rapport à la normal**

Le rapport à la normale des précipitations représente le pourcentage de l'écart des précipitations d'une période par rapport à la normale historique de cette période. La normale étant habituellement la moyenne des précipitations totales de la période, calculée à partir d'environ 30 ans de données. Cet indicateur est appliqué à l'échelle locale ou régionale pour des périodes de temps variant de 1 mois à quelques mois, voire même une année.

$$PN = (P / Pm) * 100$$
où :

P Précipitation totale d'une période (mm)
Pm Précipitation moyenne historique d'une période (mm)

- **Indice standardisé de précipitation (SPI)[1]**

Le SPI à été développer par McKee et al (1993).C'est un indicateur statistique utilisé pour la caractérisation des sécheresses locales ou régionales. Basé sur un historique de précipitation de longue durée, le SPI permet de quantifier l'écart des précipitations d'une période, déficit ou surplus, par rapport aux précipitations moyennes historiques de la période. Cette période varie généralement de 3 mois à 2 ans, selon le type de sécheresse que l'on désire suivre.

---

[1] Pour plus de détail, consulter les sites Internet. **http://drought.unl.edu,**
http://www.wrcc.dri.edu/spi/spi.html

$$SPI = \frac{(P - Pm)}{\sigma p}$$

où :

P	Précipitation totale d'une période (mm)	
Pm	Précipitation moyenne historique de la période (mm)	
σp	Écart-type historique des précipitations de la période (mm)	

McKee *et al.* (1993) ([1]) ont développé cet indicateur afin de faire ressortir l'impact de la période étudiée (ex. 1, 2, 3 mois) sur les différentes ressources en eau. Comme les réserves souterraines, les réservoirs, les dépôts neigeux ou les cours d'eau ne réagissent pas aux variations pluviométriques avec la même rapidité, la période de calcul du SPI fait ressortir l'effet de cette variation sur chacun de ces systèmes hydrologiques. À l'échelle temporelle d'une semaine, par exemple, la réponse du SPI est très variable.

SPI Values	
2.0 +	extremely wet
1.5 to 1.99	very wet
1.0 to 1.49	moderately wet
-.99 to .99	near normal
-1.0 to -1.49	moderately dry
-1.5 to -1.99	severely dry
-2.0 and less	extremely dry

Tableau 2 : Classification de SVI (Mckee, 1993) (**[16]**)

McKee *et al.* (1993) utilisent la classification retrouvée au tableau, afin de définir l'intensité des sécheresses à l'aide du SPI. Selon l'auteur, une sécheresse sévit lorsque le SPI est consécutivement négatif et que sa valeur atteint une intensité de −1 ou moins et se termine lorsque le SPI devient positif. La magnitude de la sécheresse est obtenue an additionnant toutes les valeurs du SPI d'une période sèche.

- **Indice PDSI (Palmer Drought Severity Index)**

Cet indice mesure la différence d'approvisionnement en humidité pour les phases sèches autant que pour les phases humides. Il est calculé pour des périodes hebdomadaires ou mensuelles afin de caractériser les conditions régionales. Étant donné que ces indicateurs sont normalisés, il est possible de comparer différentes régions.

$$PDSI = X(i) = 0,897X(i-1) + Z(i)/3$$

où :

$X_i(i-1)$	PDSI de la période précédente
$Z(i)$	"Moisture Anomaly Index" ou Indice de l'anomalie en humidité
i	Mois de l'année

Et

$$Z(i) = K(P - P_C)$$

Où

K	Facteur de poids (voir Alley, 1984)
P	Précipitation actuelle (mm)
P_C	Précipitation CAFEC (mm)

$$P_C = \alpha_j PE + \beta_j PR + \gamma_j PRO - \delta_j PL \qquad [\text{mm}]$$

Où

CAFEC	"Climatically Appropriate for Existing Conditions" ou approprié pour les conditions climatiques existantes
$\alpha_j, \beta_j, \gamma_j$ et δ_j	Coefficients climatiques mensuels
j	Mois de l'année
PE	Évapotranspiration potentielle (mm)
PR	Recharge du sol potentielle (mm)
PRO	Ruissellement potentiel (mm)
PL	Perte potentielle dans le sol (mm)

Le PDSI utilise, en plus des précipitations et de la température de l'air, l'humidité contenue dans le sol. Toutefois il ne tient pas compte des ressources hydrologiques de surface pouvant influencer les conditions de sécheresse, comme les cours d'eau, les réservoirs, la couverture neigeuse ou le gel du sol. Il ne tient pas compte non plus des changements pouvant survenir dans l'utilisation des ressources en eau.

Palmer Classifications	
4.0 or more	extremely wet
3.0 to 3.99	Very wet
2.0 to 2.99	moderately wet
1.0 to 1.99	Slightly wet
0.5 to 0.99	incipient wet spell
0.49 to -0.49	near normal
-0.5 to -0.99	incipient dry spell
-1.0 to -1.99	mild drought
-2.0 to -2.99	moderate drought
-3.0 to -3.99	severe drought
-4.0 or less	extreme drought

Tableau 3 : Classification d' PDSI[2]

- **Indice CMI (Crop Moisture Index)**

C'est un indicateur météorologique qui donne le statut de l'humidité disponible par rapport à la demande en humidité. Développé à partir des procédures du PDSI, cet indice définit les sécheresses en fonction de la magnitude et du déficit en évapotranspiration.

$$CMI = EAI + WI$$

Où :

(WI) « Wetness Index » :
Recharge du sol (Précipitation) combinée au ruissellement (mm)
(EAI) « Evapotranspiration Anomaly Index » :
$$EAI = 0,67Y_{i-1} + 1,8\frac{ET - ETc}{\sqrt{\alpha}}$$

---

[2] D'après Palmer, **http://www.cpc.ncep.noaa.gov/**

11

Où :

Y_{i-1} CMI de la semaine précédente
ET   Évapotranspiration (mm)
ETc   Évapotranspiration attendue pour les conditions qui prévalent (mm)
α   Coefficient d'évapotranspiration (évapotranspiration
          réelle/évapotranspiration potentielle)

Cet indice utilise la température moyenne et les précipitations totales hebdomadaires comme intrants, en plus de la valeur du CMI de la semaine précédente pour évaluer les conditions agricoles. Le cumul des CMI des semaines précédentes engendre donc une erreur cumulative dans le calcul du CMI de la semaine.

- **Indice SWSI (Surface Water Supply Index)**

Cet indicateur hydrologique, est un complément au PDSI qui incorpore des éléments d'hydrologie et de climatologie.

$$SWSI = \frac{\left[(a*PNsp)+(b*PNpcp)+(c*PNrs)-50\right]}{12}$$

Où :

a, b, c sont les poids associés à chaque composante
et a+b+c=1
sp   Couverture neigeuse équivalente en eau (mm)
pcp   Précipitation (mm)
rs   Réservoir (mm)
PN   Probabilité de ne pas excéder (%)

Le SWSI est un indicateur normalisé qui permet de comparer différentes régions, généralement pour des périodes mensuelles. C'est un indicateur des conditions hydriques spécialement développé pour les régions où la fonte des neiges est la principale source d'écoulement des eaux superficielles. Il incorpore la couverture neigeuse, les précipitations en montagne, les cours d'eau, le contenu des réservoirs en plus du contenu en eau du sol. Il ne tient toutefois pas compte des écoulements dus à la fonte d'une accumulation antérieure de neige. C'est un indicateur des conditions de surface calibré pour une région homogène et il n'est pas conçu pour de grandes variations topographiques.

Le SWSI est simple à calculer et donne une mesure de l'approvisionnement en eau superficielle. Par contre, un réarrangement des stations amène à refaire les distributions de fréquence de chaque station et un changement dans l'exploitation du bassin signifie le développement d'un nouvel algorithme. Il est donc difficile de maintenir une série temporelle de cet index.

- **Deciles**

Cette notion a été développée par Gibbs et Maher (1967) **([16])** pour pallier aux faiblesses du pourcentage à la normale. Cette approche permet de connaître la fréquence d'un événement. Elle divise la distribution des fréquences des événements en 10 parties représentant chacune 10 % de la distribution. Le cinquième décile représente donc la médiane et le dixième décile le volume maximal de précipitation reçu pour une région et pour une période de temps.

Decile Classifications	
Deciles 1-2 lowest 20%	much below normal
Deciles 3-4 next lowest 20%	below normal
Deciles 5-6 middle 20%	near normal
Deciles 7-8 next highest 20%	above normal
Deciles 9-10 highest 20%	much above normal

Tableau 4 : Classification pour les Déciles (Maher (1967)

2.2.2. Indicateurs de sécheresse à partir des données de télédétection

Dans le domaine de la télédétection, de nombreux Chercheurs ont examiné la possibilité d'évaluer et suivre la sécheresse en utilisant soit la Réflexion, soit les données thermiques ou des réponses combinées, provenant du capteur Advanced Very High Resolution Radiomètre (AVHRR) à bord du satellite National Oceanic and Atmospheric (NOAA).

- **Indices basée sur la Réflexion**

Ci-dessous une liste d'indices basés sur la réflexion :

➢ **Normalized Difference Vegetation Index (NDVI)**

Mis au point par Rousse *et al.* (1973) **([16])**, le NDVI est élaboré à partir de la différence entre la reflectance de la végétation fournie par le capteur AVHRR dans le proche infrarouge (canal 2 : 0,73-1,1 µm) et de celle obtenue dans le rouge (canal 1 : 0,55-0,68 µm), divisée par leur somme.

$$NDVI = (PIR- R)/ (PIR + R)$$

Le résultat d'un NDVI prend la forme d'une nouvelle image, la valeur de chaque pixel étant comprise entre 0 (sol nu) et 1 (couvert végétal maximal). C'est l'analyse de la palette de nuances s'étendant entre ces valeurs extrêmes (très peu fréquentes) qui va renseigner l'observateur sur la densité de couvert et la quantité de biomasse verte.

Cet indice est très utilisé pour le suivi du couvert végétal à cause de la facilité de sa mise en œuvre et surtout de sa corrélation avec la densité du couvert végétal et la capacité des végétaux à absorber la lumière solaire et à la convertir en biomasse. Comme cet indice est normalisé, les effets de l'angle d'illumination et de l'angle de vue sont réduits. La normalisation permet aussi de diminuer l'effet de la dégradation de la calibration des capteurs et de minimiser l'effet de la topographie.

> **Vegetation Condition Index (VCI**, Kogan, 2003 **[7]**)

Cet indice Utilise comme intrants les valeurs minimales, maximales et courantes du NDVI de la même décade sur plusieurs années. Il nous renseigne sur les conditions de la végétation pour la décade étudiée par rapport aux situations extrêmes (min et Max)

Il est calculé par la formule suivante :

$$VCI(i) = \frac{NDVI\,(i) - NDVI_{min}}{NDVI_{Max} - NDVI_{min}} * 100$$

Où :

NDVI (i)   NDVI de la période étudié
NDVI$_{min}$ NDVI minimum de la période étudié
NDVI$_{max}$ NDVI maximum de la période étudié

Le VCI tente de séparer le signal climatique à court terme du signal écologique à long terme (**[7]**). Il reflète donc la distribution climatique et non les différences de végétation dues aux différents écosystèmes. Il permet aussi de comparer l'effet du climat sur des aires d'études différentes. Le VCI apporte donc une amélioration dans l'analyse de la condition de la végétation pour des aires non homogènes (**[7]**).

Le VCI a été utilisé sur plusieurs continents afin de détecter les situations de sécheresses à grande échelle, mais aussi les conditions d'humidité excessive (Kogan, 1997 ; 2003 ; Kogan *et al*, 2004). Ainsi, plusieurs équipes ont exploité le VCI pour suivre les conditions de sécheresse en Afrique du Sud (Kogan, 1998), en Inde (Singh *et al*, 2003) et en Grèce (Domenikiotos *et al*, 2004). Kogan *et al.* (2004) ont aussi utilisé le VCI pour dériver la biomasse des pâturages de Mongolie ou encore le rendement des cultures de maïs en Chine (Kogan *et al*, 2004 ; Kogan *et al*, 2005) (**[1]**).

➢ **Standardized Vegetation Index (SVI**, Liu & Negron Juarez, 2001 ; Peters et al, 2002) **([1]).**

Cet indice permet de comparer les conditions de végétation sur des périodes de temps. Il présente la différence entre l'indice de végétation standardisée et la moyenne sur la période étudiée.

Le SVI1 est donnée par :

$$SVI_1(i) = \frac{NDVI(i) - \overline{NDVI}}{\sigma} * 1000$$

Où :

$$\sigma(i) = \frac{\sum_\omega \left(NDVI(i) - \overline{NDVI(i)}\right)^2}{N(i)} \qquad \overline{NDVI(i)} = \frac{\sum_\omega NDVI(i)}{N(i)}$$

Et

Avec :

$NDVI$	NDVI de la période étudié
$\overline{NDVI}$	NDVI Moyenne de la période étudié
$\sigma(i)$	Ecart type
$N(i)$	Degré de liberté

Cet indice est utilisé souvent pour mesurer les effets du climat sur la végétation sur des courtes périodes de temps. La classification faite pour cet indice est la suivante.

SVI Classifications	
0.975 - 1.0	Very Good
0.75 - 0.975	Good
0.25 - 0.75	Average
0.025 - 0.25	Poor
0 - 0.025	Very Poor

Tableau 5 : Classifications pour le SVI [3]

---

[3] http://www.casde.unl.edu/imagery/svi/index.php

- **Indices basés sur la Température de brillance**

  • **Temperature Condition Index (TCI, Kogan, 1995)**

Cet indicateur est basé sur la température de brillance. Il est applicable à l'échelle régionale ou continentale, de manière instantanée ou pour des périodes allant jusqu'à une année. Le TCI donne aussi une information utile concernant le stress de la végétation dû à une saturation du sol en eau (Kogan, 1997 ; Kogan *et al*, 2004).

La formule donnée par kogan est :

$$TCI_{(i)} = \frac{T_B^{Max} - T_B^{(i)}}{T_B^{Max} - T_B^{min}} * 100$$

TB représente la température de brillance dérivée de la bande 4 du capteur AVHRR.
La valeur faible de TCI indique une condition climatique difficile (la température élevée) par rapport à la période étudiée, quant aux valeurs élevées, ils reflètent principalement des conditions favorables.

- **Indices basée sur la Combinaison de la réflexion et la température de brillance**
  • **Vegetation and Temperature Condition Index (VHI, Kogan, 1997, 2000)**

Selon Kogan (1997), le TCI combiné au VCI constitue une source utile d'informations sur le stress causé à la végétation par la sécheresse. C'est aussi un outil utile afin de surveiller presque en temps réel les conditions de la végétation et l'impact du climat sur celle-ci. Combiné aux données recueillies sur le terrain, ces indices semblent être d'excellents outils pour la surveillance des conditions de sécheresse, plus spécialement en agriculture.

Le VHI est définie par la formule suivante :

$$VHI = \alpha * VCI + (1- \alpha) * TCI$$

Ou α est la contribution relative de VCI et TCI dans le VHI. D'après la plupart des publications, α =0.5, en supposant une même contribution des deux indices et aussi en raison d'absence d'informations plus précises (Kogan, 2000).

Le VHI est utilisé pour différentes applications telles que la détection de la sécheresse, la durée de la sécheresse, le rendement des cultures et la production au cours de la période de végétation (Unganai et Kogan 1998).

VHI Classification	
Extreme drought	0 – 10
Severe drought	10 – 20
Moderate drought	20 – 30
Mild drought	30 – 40
No drought	>40

Tableau 6 : Classification pour VHI [11]

2.3. La Sécheresse au Maroc

Beaucoup de pays d'Afrique Subsaharienne sont touchés par la sécheresse. Cette dernière a un impact dévastateur sur la population et l'économie. L'extrême vulnérabilité aux précipitations dans les zones arides et semi-arides du continent ainsi que la faible capacité d'une grande partie des sols Africains à maintenir l'humidité font que presque 60 pour cent de ces sols sont vulnérables à la sécheresse et 30 pour cent extrêmement vulnérables. Depuis les années 60, les précipitations dans les parties du Sahel et l'Afrique australe ont également été sensiblement en dessous des normes des 30 années précédentes.

Pour le Maroc La sécheresse est une donnée structurelle de l'agriculture. En année de sécheresse sévère, la production agricole et les secteurs de l'activité économique qui lui sont associés à l'amont et l'aval, qu'il s'agisse des fournitures de produits et services, des industries de transformation ou des exportations des produits agricoles et agro-industriels, sont généralement sérieusement affectés. A titre d'exemple, la sécheresse de la compagne 1994-1995 a entraîné une diminution importante de la production céréalière (17.4 millions de quintaux contre 96 millions en 1993-94) ; une baisse du niveau de l'emploi en milieu rural (perte de 60% des journées de travail par rapport à une année normale) ; et une baisse de la valeur ajoutée agricole de 50% par rapport à la moyenne des années 1989-1994. **([4])**

Selon la durée et l'intensité de la sécheresse, les effets sur la production végétale et animale sont plus ou moins graves. Cependant, les deux types de production ne sont pas généralement affectés de la même manière. On peut distinguer la sécheresse saisonnière automnale de début de cycle ou printanière de fin de cycle, la sécheresse annuelle s'étalant sur les deux saisons et la sécheresse pluriannuelle qui se prolonge sur deux ou plusieurs compagnes.

La datation des périodes de sécheresse au Maroc antérieures à 1995 par des techniques de dendrochronologie montre que le pays a souffert de cet événement naturel depuis plusieurs siècles. Sur la période la plus récente, les sécheresses les plus importantes sont celles vécues pendant les années 80 puis celles de 1991-92, 1992-93, 1994-95. **(4)**

Outre la production de céréales, les cultures irriguées sont également touchées. En effet, les réserves d'eau des barrages sont au plus bas. Certains barrages ne sont remplis qu'à 10 ou 20 % de leurs capacités. Les irrigations à partir du barrage Hassan I qui approvisionne Marrakech, et de celui d'Abdelmounen, qui dessert Agadir et ses environs, ont été provisoirement interrompues.

La sécheresse a causé de lourdes pertes à l'économie. En hiver 2001, les exportations d'agrumes du Maroc ont baissé de près de 40 % par rapport à 2000, et la production céréalière de 2000 elle-même est inférieure de plus de 50 % à celle de 1999.

---

[4] **http://www.chanvre-info.ch/info/fr/La-secheresse-au-Maroc-met-en.html**

III.   L'apport du capteur AVHRR pour le suivi de la sécheresse

L'imagerie satellitaire offre de nouvelles possibilités. Certains capteurs à bord des satellites météorologiques, comme par exemple le capteur AVHRR de NOAA, permet de dériver la température de brillance et certaines caractéristiques de la végétation avec une résolution spatiale de l'ordre de 1 à 4 km au nadir et en tout point du Maroc. Ils ont aussi l'avantage de fournir des données journalières continues à l'échelle Nationale.

Le capteur AVHRR, mesure la luminance énergétique émise ou réfléchie par les surfaces terrestres à l'intérieur de cinq bandes spectrales : une dans le visible, une dans le proche infrarouge et trois dans l'infrarouge thermique.

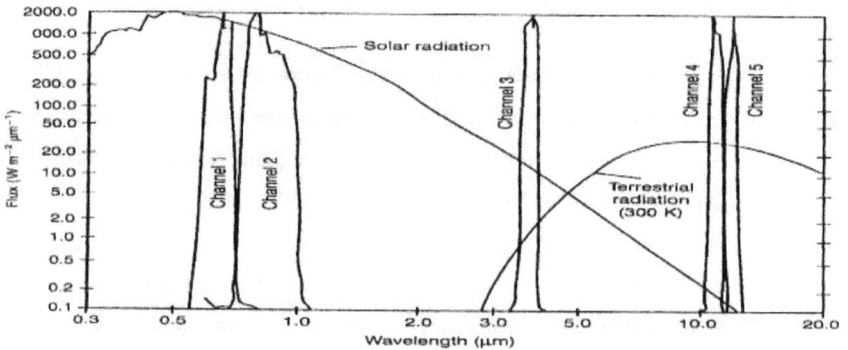

Figure 1 : Bandes spectrales du capteur AVHRR

À une altitude de 833 km, ce satellite météorologique possède une orbite héliosynchrone quasi-polaire. Avec un angle de vue de 55,4° de chaque côté du nadir, AVHRR possède une trace au sol d'environ 2 922 km. De plus, Les traces d'AVHRR se chevauchent partiellement, ce qui assure une couverture journalière complète de la surface terrestre. La résolution spatiale au nadir est d'environ 1,1 km mais la géométrie de vue de part et d'autre du nadir donne lieu à de fortes distorsions de l'image qui influencent fortement les propriétés spatiales et radiométriques des mesures.

En effet, le système imageur du capteur AVHRR balaie la terre d'un horizon à l'autre avec un champ de vue instantané (IFOV) de 0.075° et un miroir rotatif reflète la luminance vers un ensemble de barettes. Pendant une rotation, 2 048 mesures couvrant un angle de vue total de 110,8° sont effectuées. Chaque mesure couvre donc 0,054°, soit moins que le champ de vue instantané et il s'ensuit donc un chevauchement des pixels dans la ligne de balayage. De plus, la fréquence de rotation du miroir (6 Hz, 360 rpm) et la vitesse de déplacement du satellite font en sorte que la distance entre chaque ligne de balayage est d'environ 1,1 km. Toutefois, l'augmentation de la taille des pixels avec l'accroissement de l'angle de vue fait aussi en sorte qu'il y a un chevauchement plus grand des pixels les plus éloignés du nadir dans la ligne de déplacement du satellite.

Environ douze satellites NOAA-AVHRR (NOAA-6 à NOAA-M) ont été mis en orbite entre 1979 et 2006. Ces satellites ont été développés à des fins météorologiques et pour compléter le réseau de satellites géostationnaires de l'Organisation météorologique mondiale (OMM) qui ne couvrent pas les pôles.

Plus encore, l'arrivée de nouveaux capteurs satellitaires plus performants comme SPOT/ VGT, EOS/MODIS et MSG/SEVIRI, ouvrent de nouvelles portes aux études environnementales par télédétection comme celles reliées aux sécheresses.

3.1. Avantages et Limites

- **Avantages**

Les outils de détection et de suivi des sécheresses à partir des bandes de AVHRR présentent l'avantage de fournir l'information avec rapidité et par suite la production rapide des indicateurs qui en sont dérivés. Ces indicateurs quantifient directement les conditions qui existent en surface, que ce soit la température ou l'état de la végétation.

- **Limites**

L'utilisation de la télédétection et plus particulièrement des données pré-traitées de NOAA AVHRR pose certaines limites directement liées à la méthode d'acquisition et de traitement de l'information. Il existe certaines limitations bien connues, comme l'influence de l'atmosphère sur les mesures recueillies au satellite, la présence de nuages résiduels malgré les filtres ainsi que les effets dus à la précision géométrique et à la géométrie de vue. La variation de l'émissivité des surfaces terrestres pose aussi un problème important dans le calcul des températures de surface.

Le nombre parfois réduit d'images utilisées pour représenter une période est une limite supplémentaire. L'utilisation d'une série temporelle d'images satellitaires plus longue serait appropriée (Une série de 30 ans). Ceci n'est cependant pas possible puisqu'il n'existe pas 30 ans de données NOAA-AVHRR.

3.2. Chaîne de prétraitement des données NOAA-AVHRR au CRTS

L'acquisition des données AVHRR se fait au Centre Royal de Télédétection Spatial. Ces données après réception et sauvegarde sont traitées afin d'être exploitable. Le circuit de traitement comprend les étapes suivantes :

- **la navigation** qui permet en utilisant les données éphémérides de :
  * générer les quicklooks (vues réduites des images)
  * générer la correspondance ligne/colonne ⬚⬚latitude/longitude
  * produire les paramètres de prise de vue
- **la lecture de l'image** pour la transformer en une image d'un format connu ;
- **la calibration** qui permet de passer des valeurs numériques de l'image en valeurs physiques (réflectances et températures de brillance) ;
- **la correction atmosphérique** qui permet de réduire les effets de l'atmosphère sur les mesures ;
- **la correction géométrique** qui permet de rectifier l'image et la rendre superposable à une carte dans un système de projection donné ;
- **la détection des nuages**.
- **la production des paramètres géophysiques** : indices de végétation et température de surface.

Cette chaîne de traitement des images AVHRR laisse toutefois certaines erreurs. Par exemple, des lignes sont apparentes sur quelques images d'NDVI. Ces erreurs proviennent vraisemblablement d'une défaillance d'une ou plusieurs des barrettes du capteur et persiste malgré les traitements effectués par un logiciel de traitement d'images. Les couvertures nuageuses légères ne semblent pas non plus être totalement détectées par la chaîne de traitement.

IV. Méthodologie suivie pour le calcul des indices choisis

4.1. Préparation des données

Avant de produire les indices de sécheresse, les données de bases subissent un ensemble de traitement avant qu'elles deviennent exploitables. Les étapes de ce traitement sont présentées sur la figure suivante.

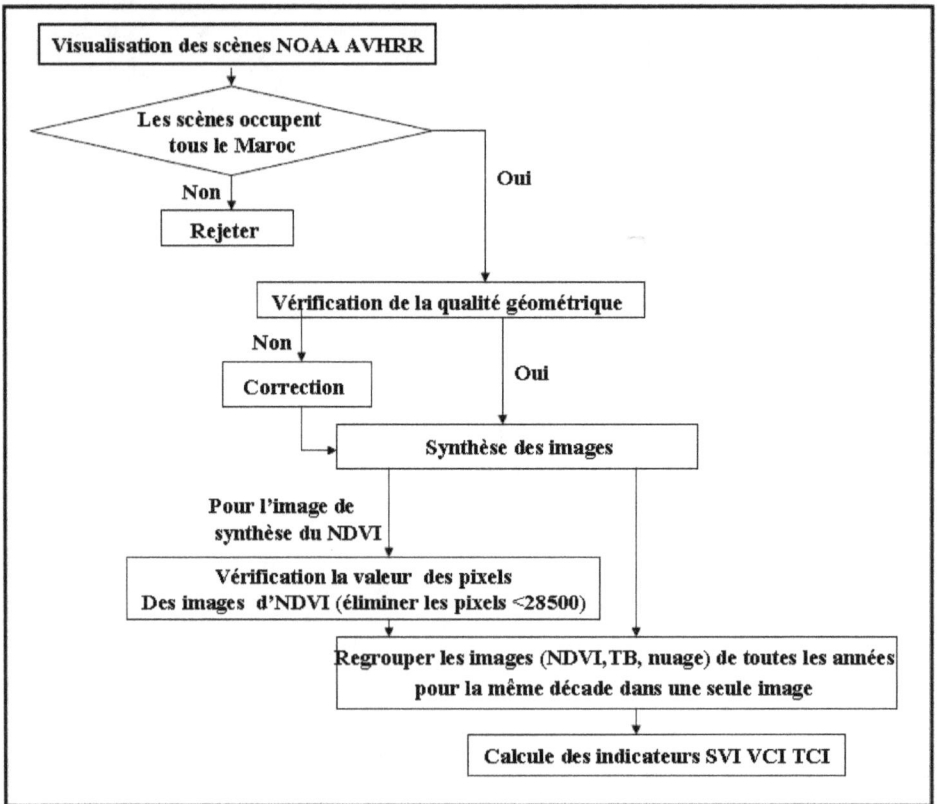

Figure 2 : Préparation des donnés pour le calcul des indicateurs

4.2. Vérification de la qualité visuelle des images

Dans cette étude, les images utilisées sont produites par les satellites NOAA 14-16-17 et 18.

Il faut signaler que la qualité de l'image produite par le capteur dépend à la fois de l'heure de passage du satellite NOAA-AVHRR et de la mosaïque entre les prises de vue de chaque passage. La qualité de l'image dépend également de la densité de la couverture nuageuse. La première opération à effectuer est de sélectionner les images adéquates et rejeter les images non complètes.

Dans notre cas, les images qui présentent une aire de couverture nuageuse totale supérieures à 50 % de l'aire du territoire, sont rejetées. **(Annexe1)**

A titre d'exemple, le tableau suivant montre le nombre d'images satellitaires retenues pour le mois de janvier.

Mois	Janvier		
décades	D1	D2	D3
Nombre d'images retenues	16	27	20

Tableau 7 : Nombre d'images retenues pour le mois janvier

- **Corrections géométriques**

Pour que toutes les images de la même décade de la période étudiée soient superposables pixel à pixel, une vérification de la qualité géométrique de toutes ces images s'impose avant de les regrouper dans une seule image. La vérification a été faite par rapport à une image vecteur du Maroc. Dans le cas où l'image s'écarte de l'image vecteur, la correction s'impose en utilisant la méthode des points d'appuis.

• **Synthèse décadaire**

Le satellite NOAA-AVHRR permet la prise des images journalières. Dans cette étude, il a été retenu les données décadaires comme données de base. Pour cela, une opération de synthèse des données journalières est effectuée. Pour les données d'NDVI et de température de brillance, la transformation des données journalières à des données décadaires, est faite en se servant d'un programme MSQ qui calcule le Maximum des valeurs pour chaque pixel.

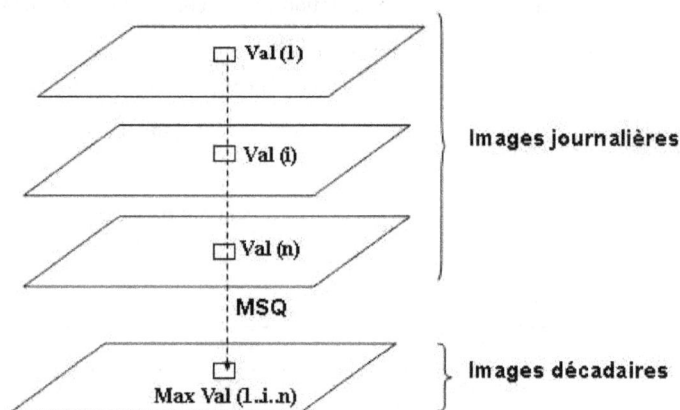

MSQ: est un programme sur C, pour calcule le Maximum des pixels

Figure 3 : Principe de calcul des synthèses décadaire pour les images NDVI et TB

Pour les images de nuages, la synthèse est faite sur le Modeler d'ERDAS. Ce programme sert à produire l'image de synthèse en retenant le principe que : Le pixel est non nuageux si les pixels de toutes les images journalières sont non nuageux et il sera nuageux dans le cas contraire. Le principe du programme et le suivant :

26

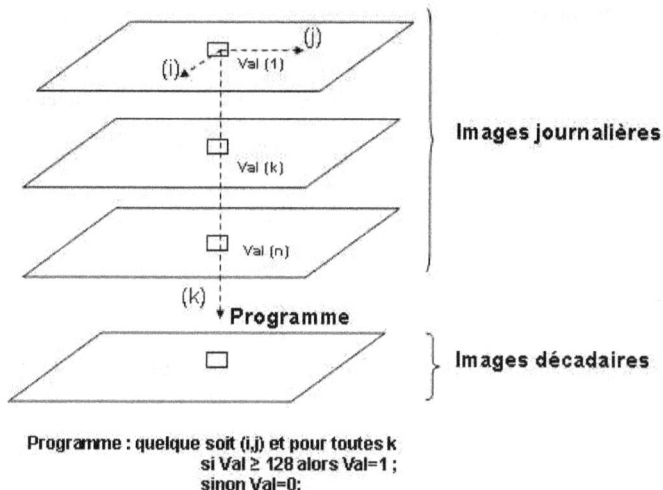

Programme : quelque soit (i,j) et pour toutes k
si Val ≥ 128 alors Val=1 ;
sinon Val=0;

Figure 4 : Principe de calcul des synthèses décadaires pour les images des nuages (Cloud)

- **Elimination des pixels de faible valeur**

Cette étape consiste à écarter les pixels de faible valeur de température de brillance qui peuvent fausser le calcul des indicateurs. La détection de ces pixels s'effectue à l'aide d'un test sur la bande 4, si la valeur du pixel est inférieure à 28500 alors le pixel correspondant sur l'image d'NDVI sera éliminé dans le processus de calcul. Cette hypothèse est prise après un ensemble de test en considérant que les pixels de valeur inférieure à un seuil (12 °C) soient recodés en tant que pixels nuageux. (**Annexe 2**). L'ensemble des pixels codés en nuageux peuvent être considérés comme des nuages résiduels non détectés par la chaîne de traitement.

- **Regroupement des images (Layers-stak)**

Pour faciliter le calcul des indicateurs, les images des années de même décade ont été regroupées dans une seule image (layers-stak). Le résultat obtenu est une image de n bandes dont chaque bande représente l'année prise.

• **Calcul des indicateurs de sécheresse**

Le calcul des indicateurs se fait sur le Modeler d'ERDAS. Pour une année et une décade donnée, le programme calcule les trois indicateurs (VCI, SVI, TCI).

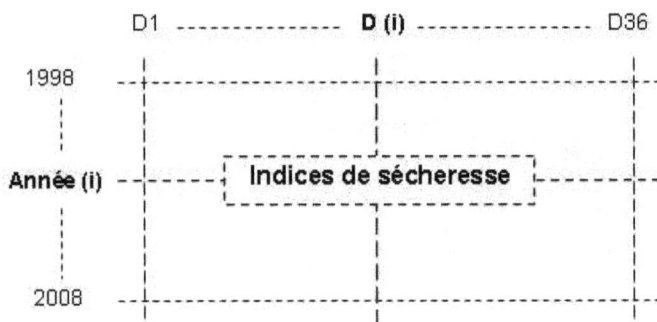

Figure 5 : Indices de sécheresse pour une décade et une année donnée

4.3. Description du programme de calcul des indicateurs

e programme de calcul des indicateurs est développé dans le logiciel ERDAS Imagine sur la partie Modeler. A partir des images décadaires historiques sur la période 1999-2008, ce programme permet d'avoir un ensemble d'images temporaires qui sont celles relatives au minimum, au maximum d'NDVI et de la température de Brillance, à la différence maximale du NDVI et de TB et à l'écart type d'NDVI pour chaque décade. Pour une année donnée, Le calcul de ces images n'intègre pas les images de l'année en question. Les images intermédiaires obtenues à l'aide du programme seront utilisées pour le calcul du VCI, TCI et SVI.

4.3.1. Principe de calcul des indicateurs SVI1, SVI, VCI, TCI et VHI

- **Calcul du SVI1, SVI et VCI**

Le schéma suivant décrit le processus du calcul des indicateurs SVIi et VCI.

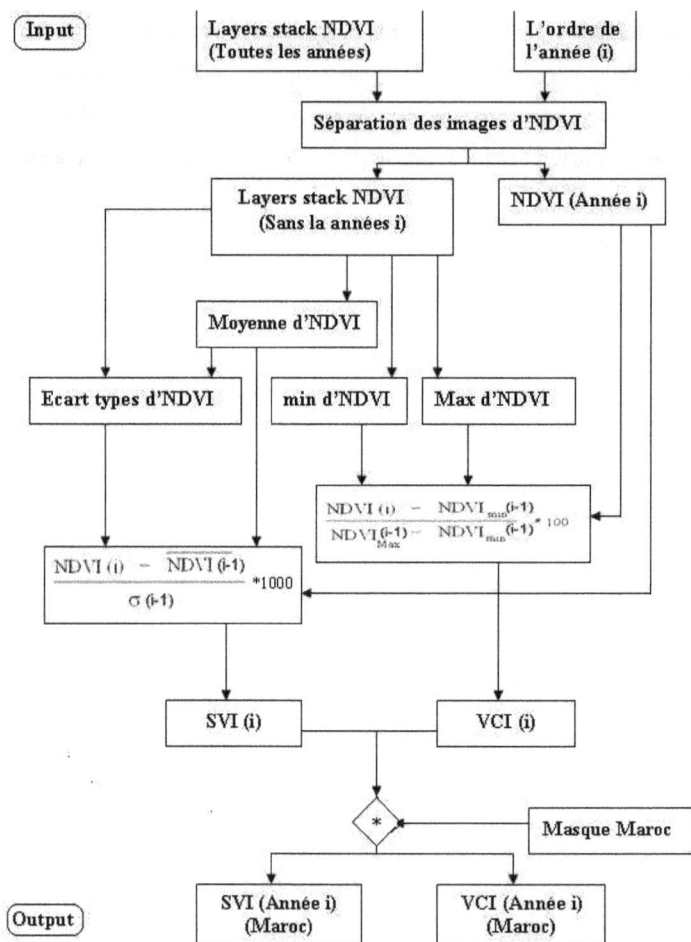

Figure 6 : Principe de calcul des indicateurs SVI1 et VCI

Le VCI est un indice de végétation dérivé des valeurs maximale et minimale du NDVI les valeurs historiques ($NDVI_{min}$ et $NDVI_{max}$) de la décade sont tirées des 36 images décadaires. Les valeurs du VCI sont sauvegardées en 8 bits signés.

Un VCI très faible reflète un NDVI qui se rapproche du NDVI minimum. Un VCI élevé reflète un NDVI qui se rapproche du NDVI maximal. En d'autres termes, les valeurs basses du VCI représentent des conditions de stress en eau alors que les valeurs élevées du VCI représentent des conditions favorables. Plusieurs auteurs ayant utilisé le VCI pour le suivi des sécheresses ont conclu que les conditions de sécheresse sont remplies lorsque le VCI est inférieur à 35 (Kogan, 1997 ; Kogan 1995 ; Kogan et al. 2004).

L'un des indicateurs calculés par le programme est le SVIi qui correspond à la variation de l'indice de végétation par rapport à la moyenne durant la période d'étude.

$$SVI_1(i) = \frac{NDVI(i) - \overline{NDVI(i)}}{\sigma(i)} * 1000$$

Avec

$NDVI$	NDVI de la période étudié
$\overline{NDVI}$	NDVI Moyenne de la période étudié
$\sigma(i)$	Ecart type

Puisque l'espérance mathématique et l'écart type sont estimés respectivement par la moyenne des NDVI, et la moyenne des écarts quadratiques sur une période donnée ; et sachant que les données disponibles concernent seulement dix ans, la fonction de répartition de la variable aléatoire **SVI1** suit la loi de distribution **T-Student** et non pas la loi normale (il est supposé que le nombre d'années minimal pour considérer cette fonction comme loi normale est 30 ans).

Donc

$$SVI(n,i,j,k) = \text{Prob}(x < SVI_{ijk})$$

$$\implies SVI(n,i,j,k) = \int_{-\infty}^{SVI_{ijk}} \frac{1}{\sqrt{(n-1)\pi}} \frac{\Gamma(\frac{n}{2})}{\Gamma(\frac{n-1}{2})} (1+\frac{x^2}{n-1})^{-\frac{n}{2}} dx$$

Avec $\dfrac{1}{\sqrt{(n-1)\pi}}\dfrac{\Gamma\left(\dfrac{n}{2}\right)}{\Gamma\left(\dfrac{n-1}{2}\right)}\dfrac{1}{\left(1+\dfrac{t^2}{n-1}\right)^{\frac{n}{2}}}$ Est la fonction de distribution T-Student

N est le degré de liberté (nombre d'observations)

$\Gamma(x)$ est la fonction gamma $\Gamma(x) = \displaystyle\int t^{x-1}\, e^{-t}\, dt$

Ainsi, le SVI final sera la probabilité d'estimation de SVI1. Les valeurs du SVI final varient entre Zéro et un. "Zéro" est la condition dans laquelle la valeur du pixel du NDVI est inférieure à toutes les valeurs du NDVI dans toutes les autres années de la période d'étude. La valeur "un" est la condition dans laquelle la valeur des pixels du NDVI est supérieure à toutes les valeurs de NDVI des autres années.

- **Calcul du TCI**

De manière similaire au VCI, le TCI est un indicateur dérivé de la température de brillance (bande 4 du capteur AVHRR).

Le schéma suivant décrit le processus du calcul de l'indicateur TCI.

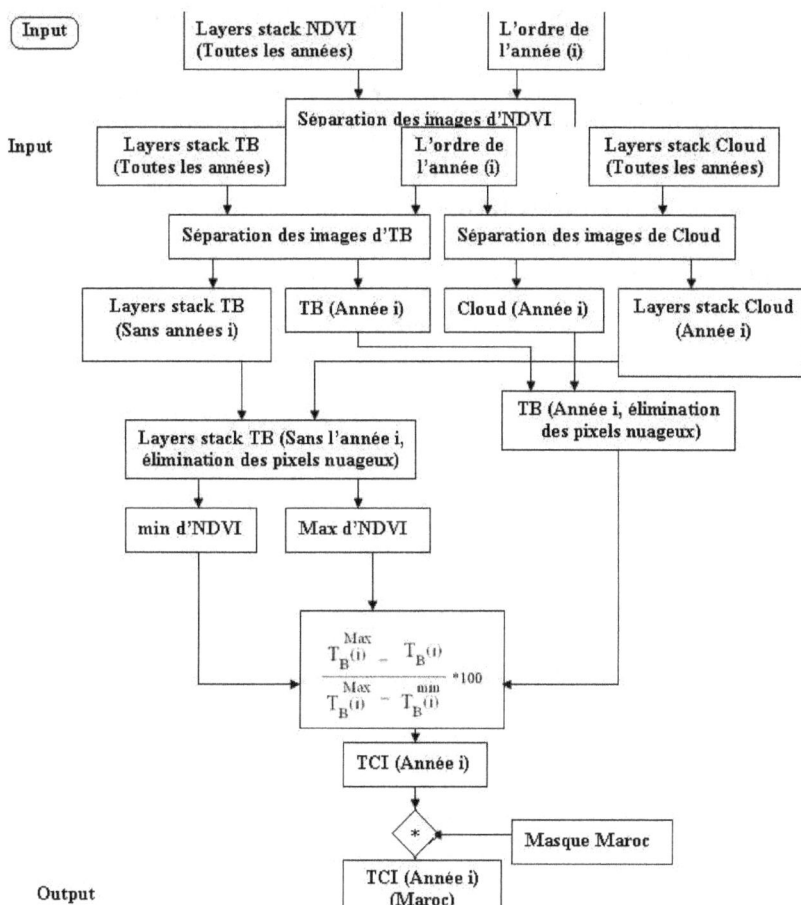

Figure 7 : Principe de calcul de l'indice TCI

Les images du TCI sont sauvegardées en 8 bits signés. Un TCI faible reflète une TB qui se rapproche de la TB maximum et un TCI fort reflète un TB qui se rapproche de la TB minimum. En d'autres termes, les valeurs basses du TCI représentent des conditions de stress en eau alors que les valeurs élevées du TCI représentent des conditions où il n'y a pas de stress hydrique. Dans la formulation de cet indicateur, les valeurs de TB et TB$_{max}$ sont inversées par rapport à NDVI et NDVI$_{max}$ dans la formulation du VCI. La raison est que les deux indicateurs évaluent la situation (NDVI ou TB) par rapport à la situation qui représente les conditions sèches. Dans le cas du NDVI, c'est la valeur minimale qui indique un état de la végétation moins favorable alors que pour la température, ce sont les températures maximales qui indiquent les conditions de stress hydriques.

- **Calcul de VHI**

Le calcul de l'indicateur VHI est réalisé avec un programme développé sur le Modeler d'ERDAS. On pose α=0.5 le VHI devient la moitié de la somme de VCI et TCI.

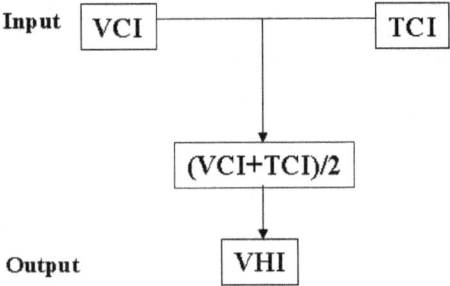

Figure 8 : Principe de calcul de l'indice VHI

34

4.3.2. Codification des pixels

La codification consiste à affecter des valeurs préétablies à des pixels présentant quelques particularités à savoir ceux relatifs au nuage, à la zone hors territoire, aux valeurs indéterminées. Ces pixels ne sont pas intégrés au processus de calcul des indicateurs.

Les codes affectés sont présentés comme suit :

Pour TCI, VCI et VHI

- code = -127 pour les pixels hors le territoire marocain
- code = -126 pour les pixels nuageux
- code =-125 pour les pixels dont la valeur est indéterminée (exemple : si

TBmin =TBMAX   ou NDVImin=NDIMax)

Pour SVI

- code = -32766 pour les pixels hors le territoire marocain
- code = -32767 pour les pixels nuageux
- code = -32767 pour les pixels dont la valeur est indéterminée (exemple : si écart

type =0)

4.4. Exemple des résultats

4.4.1. Indicateurs de sécheresse

Le résultat final fourni par le logiciel correspond à des images d'indicateurs. Chaque pixel donne la valeur de l'indicateur recherché sur la période d'étude.

Les différents indicateurs sont déterminés à partir des données de la troisième décade du mois de mars 2008.

Le premier résultat concerne l'indicateur TCI

A travers l'image ci-dessous, il ressort que la majorité de la superficie du Maroc présente un TCI faible ne dépassant pas les 60. En d'autre terme, la température de la surface du sol au cours de la dernière décade de mars 2008 se rapproche de la température du sol maximale de la période 1999-2008.

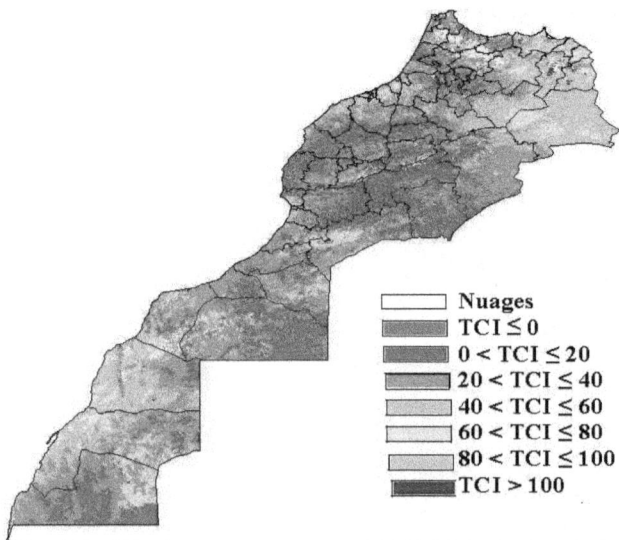

Nuages
TCI ≤ 0
0 < TCI ≤ 20
20 < TCI ≤ 40
40 < TCI ≤ 60
60 < TCI ≤ 80
80 < TCI ≤ 100
TCI > 100

Figure 9 : Exemples de l'indice TCI pour la Troisième décade de mars 2008

Le deuxième résultat concerne l'indicateur VCI.

A travers l'image ci-dessous, il ressort que le territoire présente deux zones différentes. La première concerne le sud où presque la totalité de la superficie enregistre un VCI négatif. Autrement dit, le NDVI du mois de mars est inférieur au NDVI minimal durant toute la période de l'étude. L'autre zone concerne le nord du territoire où le VCI présente des fluctuations indiquant que l'état de la végétation se caractérise par une hétérogènité.

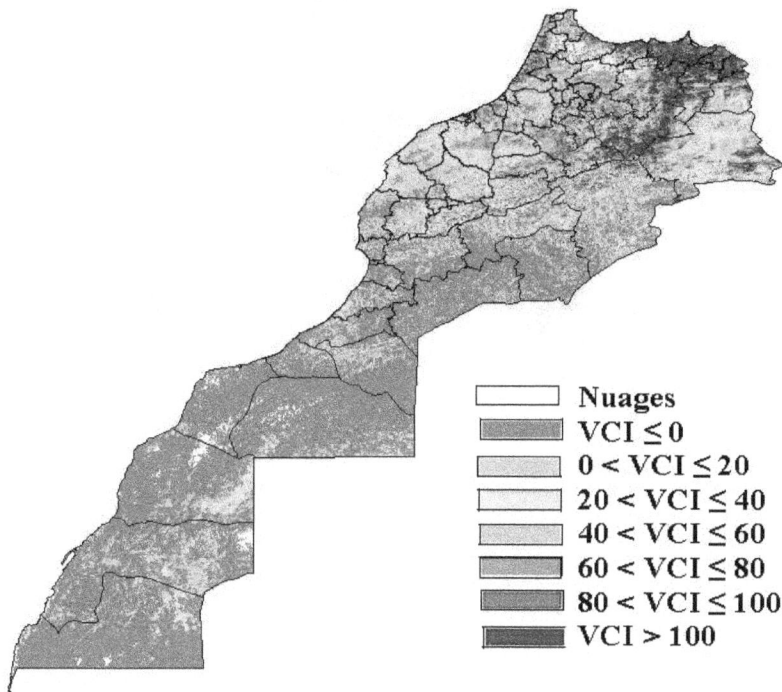

Figure 10 : Exemples de l'indice VCI pour la Troisième décade de mars 2008

NB : La valeur négative du VCI signifie que le NDVI de la décade est inférieure au NDVI minimale de la période étudiée. La détermination de NDVImin et NDVI Max n'intègre pas l'année sur la quelle on veut calculer l'indicateur.

Le troisième résultat concerne l'indicateur VHI.

A travers l'image ci-dessous, et en se référant à la classification de kogan 1998, il ressort que le nord du territoire a un VHI supérieur à 40 ce qui correspond à une zone n'ayant pas de sècheresse. Tandis que le sud enregistre des valeurs de VHI inférieures à 40 ce qui correspond à une zone sèche.

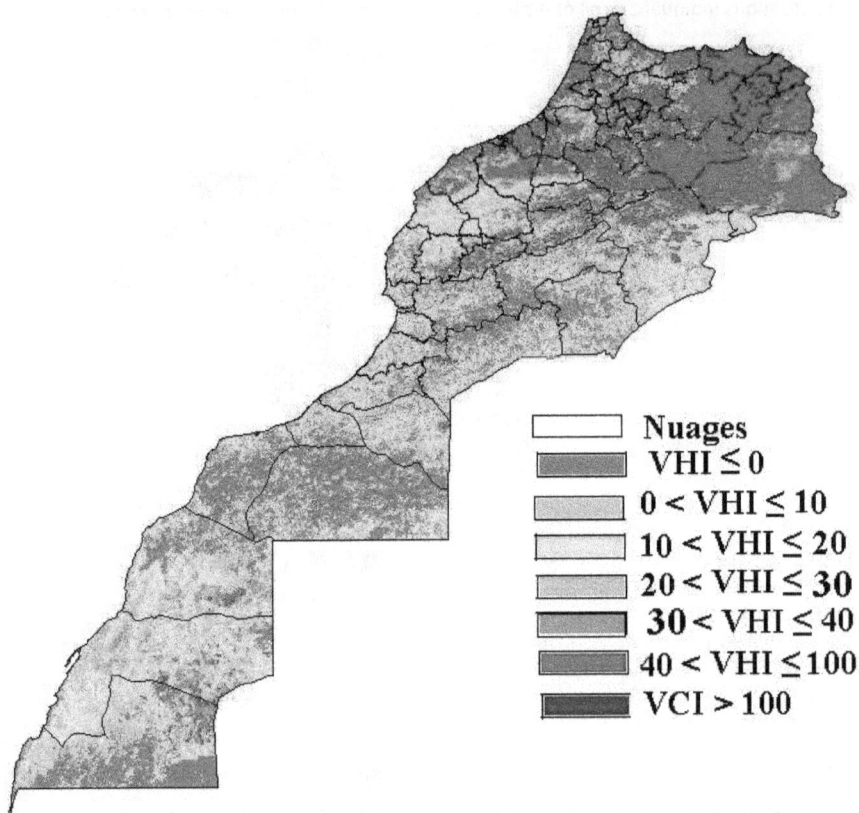

Figure 11 : Exemples de l'indice VHI pour la Troisième décade de mars 2008

Le quatrième résultat concerne l'indicateur SVI

Pour la détermination de cet indicateur, il est important de souligner que le résultat final du SVI est obtenu en se servant d'un programme en langage C qui calcule la probabilité d'estimation des SVI1 obtenus par le Modeler.

A travers l'image ci-dessous, il ressort que le nord du territoire a un SVI supérieur à 75% ce qui correspond à une zone présentant un état de végétation bon par rapport à la même décade des autres années selon la classification, alors que le sud qui correspond à la majorité de la superficie du territoire enregistre des valeurs de SVI inférieures à 25% ce qui correspond à une zone présentant un état de végétation mauvais.

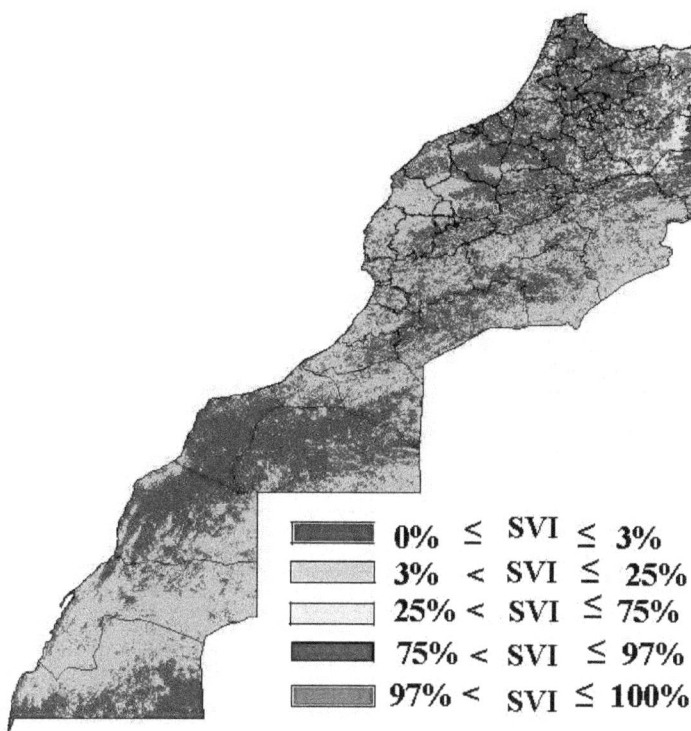

Figure 12 : Exemples de l'indice SVI pour la Troisième décade de mars 2008

4.4.2. Moyennes des indicateurs par provinces

Pour une question de synthèse et pour un suivi par province, il était jugé nécessaire de calculer les valeurs moyennes de chaque indicateur pour chaque province. A cet effet, le tableau suivant présente les valeurs moyennes des indicateurs pour quelques provinces. Il suffit donc de consulter le tableau pour connaître immédiatement les valeurs des indicateurs durant la période et en conclure ainsi l »état de la sécheresse de la province concernée.

A titre d'illustration, si on prend la province de Settat, la moyenne des valeurs de l'indicateur VHI affiche une valeur de 36 ce qui nous renseigne d'après la classification de Kogan que la zone se caractérise par une faible sécheresse.

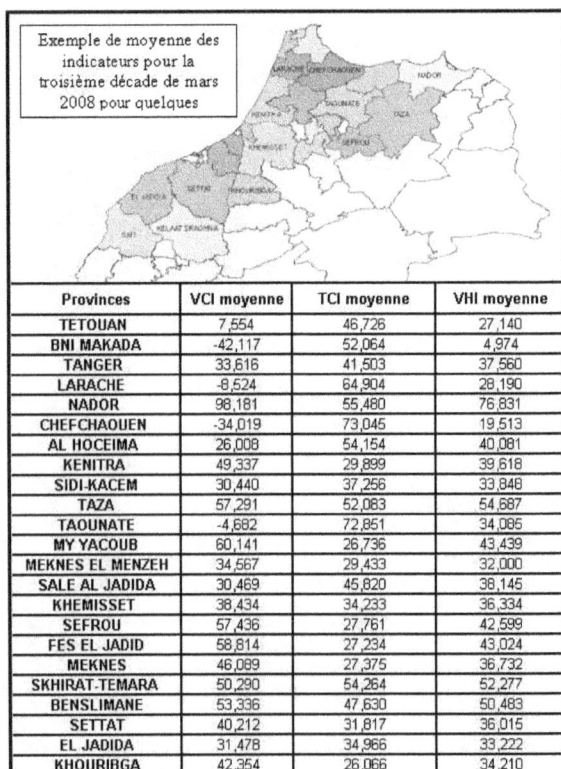

Provinces	VCI moyenne	TCI moyenne	VHI moyenne
TETOUAN	7,554	46,726	27,140
BNI MAKADA	-42,117	52,064	4,974
TANGER	33,616	41,503	37,560
LARACHE	-8,524	64,904	28,190
NADOR	98,181	55,480	76,831
CHEFCHAOUEN	-34,019	73,045	19,513
AL HOCEIMA	26,008	54,154	40,081
KENITRA	49,337	29,899	39,618
SIDI-KACEM	30,440	37,256	33,848
TAZA	57,291	52,083	54,687
TAOUNATE	-4,682	72,851	34,085
MY YACOUB	60,141	26,736	43,439
MEKNES EL MENZEH	34,567	29,433	32,000
SALE AL JADIDA	30,469	45,820	38,145
KHEMISSET	38,434	34,233	36,334
SEFROU	57,436	27,761	42,599
FES EL JADID	58,814	27,234	43,024
MEKNES	46,089	27,375	36,732
SKHIRAT-TEMARA	50,290	54,264	52,277
BENSLIMANE	53,336	47,630	50,483
SETTAT	40,212	31,817	36,015
EL JADIDA	31,478	34,966	33,222
KHOURIBGA	42,354	26,066	34,210

Figure13 : Moyenne des indicateurs pour la troisième décade de mars 2008 pour

quelques provinces

En même temps, il est important d'analyser l'évolution des indicateurs dans le temps par province. A titre d'exemple, pour la province de SETTAT l'évolution temporelle se présente au cours de la période d1 janvier au d3 Avril 2008 comme suit :

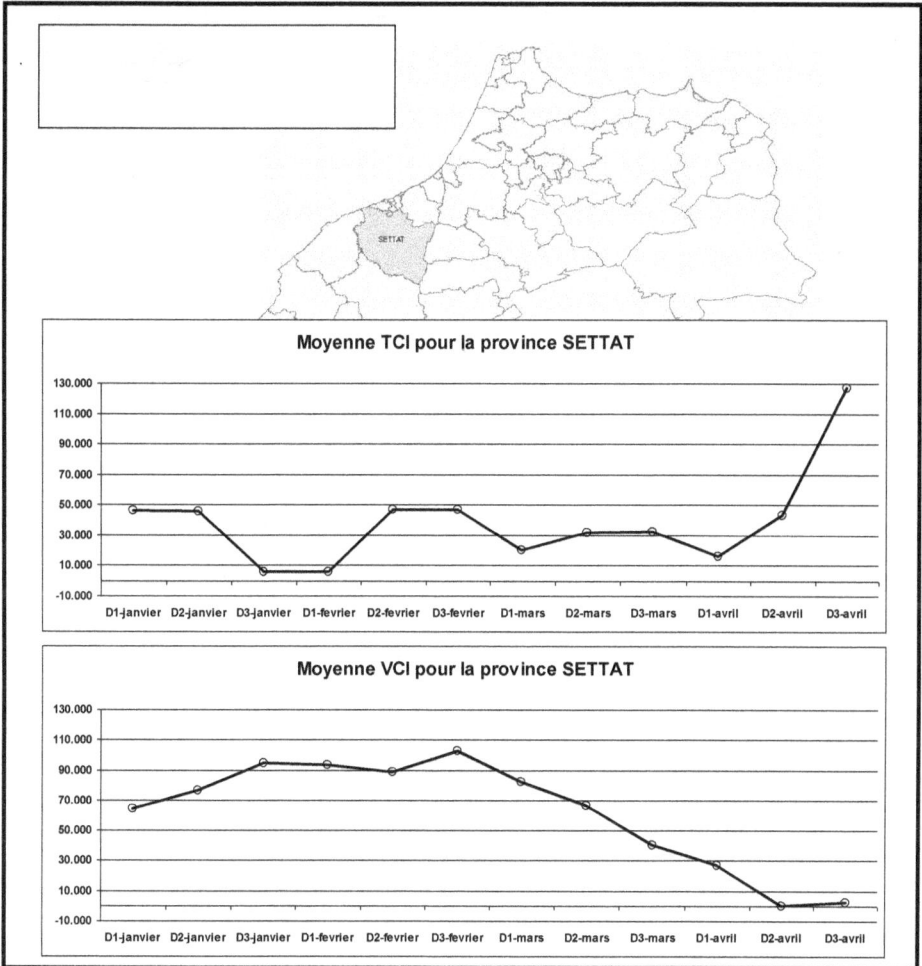

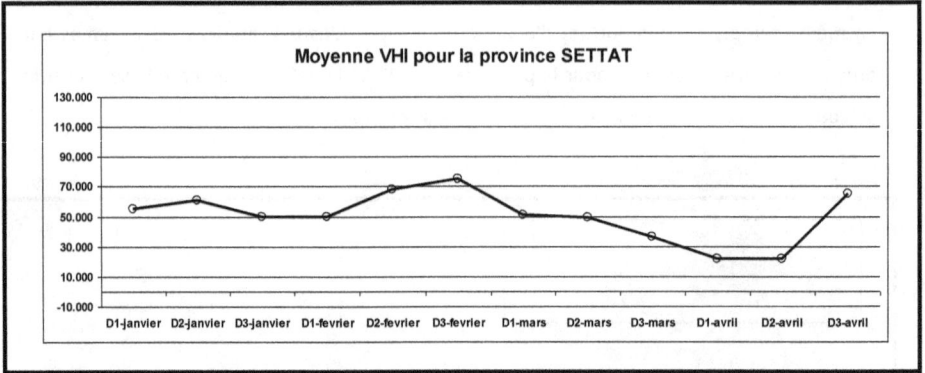

Figure 14 : Evolution de la moyenne des indicateurs pour la province SETTAT

(Période d1 janvier au d3 Avril 2008)

V. Conclusion et perspectives

Notre travail jusque-là, a consisté à la présentation de la problématique tout en citant les indicateurs qui définissent la sécheresse. Ensuite, la méthodologie de détermination des indicateurs a été élaborée puis un programme a été développé (Modeler) en servant de logiciels spécifiques. Les résultats obtenus ont permis d'aboutir à des conclusions satisfaisantes en termes de moyens de suivi de sécheresse. Toutefois, un certain nombre de taches restent à être réalisées prochainement pour compléter ce travail qui entre dans le cadre du grand projet SMAS, dont on cite :

Comparer les indicateurs satellitaires avec d'autres sources de donnée : les indicateurs issus de la télédétection sont souvent utilisés pour le suivi de la sécheresse. Il est aussi intéressant de procéder à la comparaison avec d'autres sources d'indicateurs (météorologiques). Ceci constituera une étape d'évaluation des possibilités de la télédétection pour le suivi des conditions de sécheresse quant aux autres sources.

Utiliser des données MODIS : Aujourd'hui, une nouvelle génération de capteurs permet d'utiliser les indicateurs existants avec des données plus précises ou encore de générer des nouveaux indicateurs mieux adaptés aux conditions étudiées. Grâce aux avancées technologiques et aux connaissances acquises par le passé, certains capteurs lancés récemment possèdent des caractéristiques avantageuses pour le suivi des sécheresses. Parmi ces capteurs, MODIS semble particulièrement intéressant. Ce capteur, tout comme NOAA, possède une trace au sol et une fréquence de passage qui permet une couverture journalière d'une zone avec une résolution radiométrique plus fine. Ce capteur possède 36 bandes spectrales étroites qui permettent une caractérisation plus précise des surfaces. De plus, le nombre important de bandes spectrales permet une utilisation optimale des longueurs d'onde.   Par exemple certaines bandes réflectives de MODIS sont bien adaptées pour la caractérisation de la chlorophylle (1, 8, 9, 10, 11), d'autres sont plus appropriées pour la détection de la neige et des nuages (6) ou sensibles aux propriétés des aérosols (15, 16) qui affectent les lectures. De plus, la résolution spatiale de MODIS (250 - 1000 m) est meilleure que celle d'AVHRR. Selon ces caractéristiques, le capteur MODIS va certainement améliorer les résultats escomptés.

VI. Annexe

1. Le non disponibilité des données est justifié par l'existence des nuages ou bien un problème au niveau de la réception de ces images.

Année/Mois	Janvier			Février			Mars			Avril		
	D1	D2	D3	D1	D2	D3	D1	D2	D3	D1	D2	D3
1999												
2000												
2001	■	■	■	■	■	■	■					
2002												
2003	■	■	■	■	■	■					■	
2004							■					
2005												
2006												
2007												
2008												■

☐ Données Disponibles
■ Données Non Disponibles

Tableau 8 : Les données manquantes pour la période 1999-2008 pour les quatre mois

2. Modeler : Modeler pour coder les pixels d'NDVI de faible valeur de TB

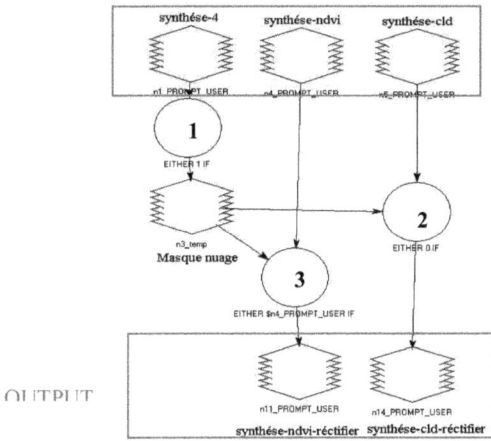

1: EITHER 1 IF ($n1_PROMPT_USER <= 28500) OR 0 OTHERWISE

2: EITHER 0 IF ($n5_PROMPT_USER==0 AND $n3_temp==0) OR 1 OTHERWISE

3: EITHER $n4_PROMPT_USER IF ($n3_temp==0) OR 1 OTHERWISE

Figure 15 : Modeler pour coder les pixels d'NDVI de faible valeur de TB

3. Modeler : Pour le calcul SVI et VCI

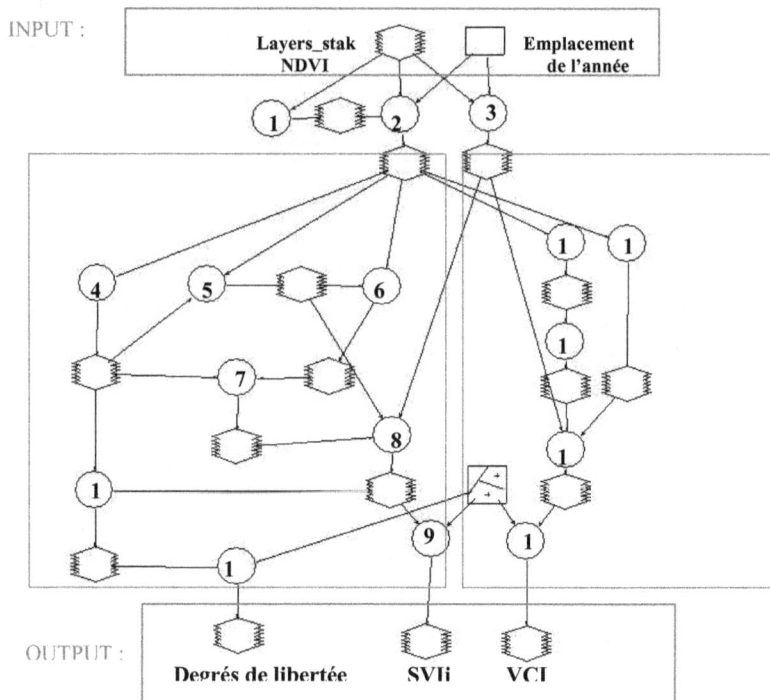

INPUT :

Layers_stak
NDVI

Emplacement
de l'année

OUTPUT :

Degrés de libertée   SVIi   VCI

1: EITHER 0 IF ($n42_layers <= 2) OR $n42_layers OTHERWISE

2: EITHER $n56_memory (2: NUMLAYERS ($n56_memory)) IF ($n41_Integer ==1) OR EITHER $n56_memory (1: NUMLAYERS ($n56_memory) - 1) IF ($n41_Integer ==NUMLAYERS ($n56_memory)) OR 0 OTHERWISE OTHERWISE

3: $n42_layers ($n41_Integer)

4: EITHER 0 IF ($n1_temp <= 2) OR 1 OTHERWISE

5: EITHER 32767 IF (STACK SUM ($n5_temp) == 0) OR ((STACK SUM ($n1_temp))/(STACK SUM ($n5_temp))) OTHERWISE

6: EITHER 0 IF ($n1_temp <= 2) OR (($n1_temp - $n9_temp)*($n1_temp - $n9_temp)) OTHERWISE

7: EITHER 32767 IF ((STACK SUM ($n13_memory) == 255*NUMLAYERS($n13_memory)) OR(STACK SUM ($n5_temp)==0)) OR SQRT((STACK SUM ($n13_memory))/(STACK SUM ($n5_temp))) OTHERWISE

8: EITHER 32767 IF ($n18_temp <=2) OR EITHER 32766 IF (($n15_memory == 0) OR ($n9_temp==32767) OR ($n15_memory==32767)) OR (($n18_temp - $n9_temp)/$n15_memory)*1000 OTHERWISE OTHERWISE

9: EITHER 32766 IF ($n33_prov == 0) OR $n20_temp OTHERWISE

10: EITHER 253 IF (($n20_temp ==32767) OR ($n20_temp==32766)) OR STACK SUM ($n5_temp) OTHERWISE

11: EITHER 254 IF ($n33_prov == 0) OR $n51_memory OTHERWISE

12: EITHER 65535 IF ($n1_temp <= 2) OR $n1_temp OTHERWISE

13: STACK MAX ($n1_temp)

14: STACK MIN ($n23_memory)

15: EITHER 254 IF (($n28_memory - $n25_memory)== 0) OR EITHER 255 IF ($n18_temp <= 2) OR ((($n18_temp- $n25_memory)/($n28_memory - $n25_memory))*100 OTHERWISE OTHERWISE

16: EITHER -127 IF ($n33_prov == 0) OR EITHER -126 IF ($n31_memory == 254) OR EITHER -125 IF ($n31_memory==255) OR $n31_memory OTHERWISE OTHERWISE OTHERWISE

Figure 16 : Exemple de Modeler (Calcul de VCI et SVI)

4. Les codes des images des indicateurs réalisés :

Indicateurs	Code si on ne prend pas en considération l'année en cours
VCI	Signé 8bit
TCI	Signé 8bit
VHI	Signé 8bit
SVIi	Signé 16bit

Tableau 9 : Codage des images d'indicateurs

VII. Bibliographie

[1] **Beaudin, Isabelle; 2007** ; Potentiel de la télédétection pour le suivi et la caractérisation des conditions de sécheresse en milieu méditerranéen, Rapport de Maîtrise en sciences géomatiques.

[2] **Brian D. Wardlow, Tsegaye Tadesse, Jesslyn F. Brown, and Yingxin Gu; 2007;** The Vegetation Drought Response Index (VegDRI): A New Drought Monitoring Approach for Vegetation.

[3] **F.N. Kogan ;1995;**Droughts of Late 1980s in the united states as derived from NOAA polar- orbiting satellite data; National oceanic and atmospheric administration.

[4] **F.N.Kogan; 1997;** Global Drought Watch from Space; Bulletin of the American Meteorological Society.

[5] **Leonard S. Unganai and Felix N. Kogan; 1998;** Drought Monitoring and Corn Yield Estimation in Southern Africa from AVHRR Data; Remote sensing; Environ.

[6] **R.A. Seiler, F. Kogan, and Guo We; 2000;** Monitoring weather impact and crop yield from NOAA AVHRR data in Argentina; Published by Elsevier Science Ltd. All rights reserved.

[7] **RAMESH P. SINGH, SUDIPA ROY and F. KOGAN; 2003;** Vegetation and temperature condition indices from NOAA AVHRR data for drought monitoring over India; Int. J. Remote sensing.

[8] **Felix Kogan, Anatoly Gitelson, Edige Zakarin, Lev Spivak, and Lubov Lebed; 2003;** AVHRR-Based Spectral Vegetation Index for Quantitative Assessment of Vegetation State

and Productivity: Calibration and Validation; Photogrammetric Engineering & Remote Sensing; Vol. 69, No. 8, August 2003, pp. 899–906.

[9] F. KOGAN; R. STARK ; A. GITELSON; L. JARGALSAIKHAN, C. DUGRAJAV   and   S. TSOOJ; 2004; Derivation of pasture biomass in Mongolia from AVHRR-   based vegetation health indices.; International Journal of Remote Sensing.

[10] R.A. Seiler, F. Kogan, Guo Wei, M. Vinocur; 31 May 2006; Seasonal and interannual responses of the vegetation and production of crops in Cordoba – Argentina assessed   by AVHRR derived vegetation indices; Remote sensing of environment.

[11] C. Bhuiyan , R.P. Singh, F.N. Kogan; 18 March 2006 ; Monitoring drought dynamics in the   Aravalli region (India) using different indices based on ground and remote sensing data; International Journal of Applied Earth Observation and Geoinformation.

[12] Y. Bayarjargal, A. Karnieli, M. Bayasgalan, S. Khudulmur, C. Gandush , C.J. Tucker; 6 June 2006; A comparative study of NOAA–AVHRR derived drought   indices   using change vector analysis; Remote sensing of environment.

[13] A. KARNIELI, M. BAYASGALAN, Y. BAYARJARGAL, N. AGAM, S. KHUDULMUR and C. J. TUCKER;Comments; 14 January 2005 ; on the use of the Vegetation Health Index   over Mongolia; International Journal of Remote Sensing.

[14] Bayarjargal Yunden; Arnon Karnieli; Comparison Study of NOAA-AVHRR Derived Drought-detection Indices using Change Vector Analysis Technique.

[15] Mohammed Karrou; Climatic change and drought mitigation: case of Morocco.

[16]Michael Hayes; Drought Indices; Climate Impacts Specialist,National Drought Mitigation Center.

[17] Y. Bayarjargal; A. Karnieli; M. Bayasgalan; S. Khudulmur; C. Gandush; C.J. Tucker; 2006; A comparative study of NOAA–AVHRR derived drough indices using   change vector analysis; Remote sensing of environment.

http://daac.gsfc.nasa.gov/landbio/: Goddard Earth Sciences Data and Information Services Center.

http://www.drought.unl.edu : National Drought Mitigation Center.

http://www.chanvre-info.ch/info/fr/La-secheresse-au-Maroc-met-en.html: La sécheresse au Maroc

http://drought.unl.edu/: National Drought Mitigation Center; University of Nebraska-Lincoln.

http://www.cpc.ncep.noaa.gov/ : National Weather Service, Climate Prediction Center.

www.ingramcontent.com/pod-product-compliance
Lightning Source LLC
Chambersburg PA
CBHW020317220326
41598CB00017BA/1590